通识
学院

101 Things I Learned in Urban Design School

关于**城市设计**的**IOI**个常识

〔美〕马修·弗雷德里克（Matthew Frederick） 〔美〕维卡斯·梅赫塔（Vikas Mehta） 著 杨慧丹 译

中信出版集团｜北京

图书在版编目（CIP）数据

关于城市设计的 101 个常识 / （美）马修·弗雷德里克，（美）维卡斯·梅赫塔著；杨慧丹译 . -- 北京：中信出版社，2023.10

（通识学院）

书名原文：101 Things I Learned in Urban Design School

ISBN 978-7-5217-5187-1

Ⅰ . ①关… Ⅱ . ①马…②维…③杨… Ⅲ . ①城市规划—基本知识 Ⅳ . ① TU984

中国国家版本馆 CIP 数据核字（2023）第 143738 号

101 Things I Learned in Urban Design School by Matthew Frederick and Vikas Mehta
Copyright © 2018 by Matthew Frederick
This translation published by arrangement with Three Rivers Press, an imprint of the Crown Publishing Group, a division of Penguin Random House LLC
Simplified Chinese translation copyright © 2023 by CITIC Press Corporation
ALL RIGHTS RESERVED
本书仅限中国大陆地区发行销售

关于城市设计的 101 个常识

著　者：[美]马修·弗雷德里克　[美]维卡斯·梅赫塔
译　者：杨慧丹
出版发行：中信出版集团股份有限公司
　　　　　（北京市朝阳区东三环北路 27 号嘉铭中心　邮编　100020）
承　印　者：北京盛通印刷股份有限公司

开　　本：787mm×1092mm　1/32
印　　张：6.5
字　　数：105 千字
版　　次：2023 年 10 月第 1 版
印　　次：2023 年 10 月第 1 次印刷
京权图字：01-2019-7272
审　图　号：GS 京（2023）1744 号
书　　号：ISBN 978-7-5217-5187-1
定　　价：48.00 元

作者序

城市设计专业的学生活在矛盾之中。在每学期的设计工作室里,他们负责设计城市和城镇的重要部分,尽管他们几乎没有设计经验,对城市化的认知也很有限。他们很少获得关于如何实现设计目标的指导;相反,他们必须边做边学。这也许是一种必需的方法——作为教师,我们不能断言找到了更好的办法——但它要求学生同时朝着相反的方向前进:向前,朝着一个项目完工的方向;向后,朝着圆满完成该项目所需的认知。

学生应该如何应对这种悖论?在对某样东西一无所知的情况下该如何设计它呢?从哪里开始——认知还是行动?有没有切实可行的策略,同时也能继续寻求更多的知识?

在教科书或正式的教案中不大可能找到答案。尽管如此,答案仍存在于设计工作室中,通常是在导师为学生提供帮助的附加谈话和随意观察中,以使学生走出困惑,把他们从难以把控的设计进程中劝离,也可能只是传达信息或启发他们。一旦附加谈话偏题,导师会回到教案——表面上"真正"的教学上。但我们相信,更多时候,附加谈话恰恰是真正的教导。因此,我们提炼了其中的 101 个常识。这项任务既令人生畏,又令人畅怀。之所以令人生畏,是因为我们不可能把城市化——这一人类最大的有形事业——写进一本书里;而令人畅怀,是因为我们真正的目的在于陪伴学生渡过在设计工作室中遇到的难关。

这本书主要关注北美城市中的平常面貌。我们不追求城市设计课中体现的一些教学、设计运动和项目:超级城市的规划、城市与自然之间大规模基础设施的干预构想、传统城市主义的重塑，或"战术城市主义"[1]的巧妙实践。我们可以从中学到很多，但我们相信，所有城市的基本问题是并且仍会是普通人在日常生活中的经验。

因此，我们认为这本书将对设计工作室以外的许多人有用。事实上，那些在现实世界中站在城市设计前线的人——城市和城镇管理者、专业设计师和规划师，以及普通市民——都面临着与学生同样的困境：他们期待或希望拥有快速实现的具体解决方案，即使更大的问题还有待探究。最常见的解决方案是诉诸经过简化的设计指南，例如"完整街道"[2]这一方案及其他预先制定的解决方案，好像城市设计有普遍适用的标准答案。毫无疑问，普遍法则适用于所有的城市地区。但每个地方都以一些使其扎根的、真实且受人喜爱的方式呈现出独一无二的形态，这就是为什么城市设计不能被线性教授。有些法则是通用的，有些法则是特有的，而有些法则应先于其他法则学会，并且没有指定从哪个地方开始学习。不同的人对城市设计进行广泛了解的切入点是不同的。我们希望本书之后的下一个或更多个切入点来自你。

马修·弗雷德里克　维卡斯·梅赫塔

1　战术城市主义（tactical urbanism）又译作"策略都市主义"，2011 年开始作为术语被广泛使用。其含义为采用短期、低成本、灵活的设计介入和政府管理来建设和激活社区。——译者注

2　完整街道（complete street）是 20 世纪 70 年代之后在美国兴起的一种交通政策和设计方法，要求在进行街道规划、设计、运营及维护时，确保所有年龄段及有行为能力的使用者，无论采用何种交通方式，都能安全、方便、舒适地出行。——译者注

致谢

感谢特里西娅·博奇科夫斯基、史蒂夫·德尔普、索切·费尔班克、马特·英曼、康拉德·基克特、安德烈亚·劳、比尼塔·马哈托、希尔帕·梅赫塔、斯科特·帕登、达尼洛·帕拉佐、阿曼达·帕滕、安杰利·罗德里格斯、莫莉·斯特恩以及里克·沃尔夫。

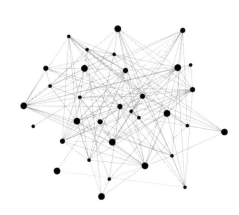

关联起来，而不是只有部分。

　　共生系统中的每个部分都会通过彼此间的关联而变得更强大。共生连接是将各个部分联系起来，使部分变成系统，并将系统接合到其他系统。

在 85% 的时间里，你和其他人有 85% 的相似度。

你和你的城市、城镇或村庄是研究城市设计的基本工具——24 小时都能使用。通过审视自己在城市中的行为，你可以了解很多对他人有效的方法及原因。你是否更喜欢走在某些而不是另一些街道上，或是喜欢走在街道的一侧而不是另一侧？你是否会走一条路去朋友家，而选择另一条路回家？你是否会在城镇的某个地方迷失方向？与陌生人相处时，你是否在某处会感到自在，而在其他地方则不然？最重要的是，你能否确定这些影响你行为和体验的地方的具体属性？

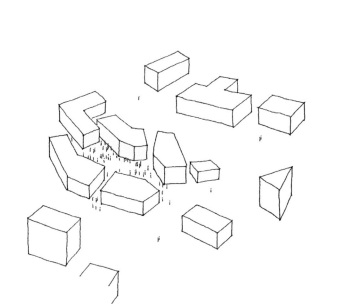

我们更喜欢围合的空间

　　与普遍的看法相反，大多数人会避免身处开阔的空间。虽然我们偶尔也会享受野外远足、海滩漫步，或是从汽车上观赏广阔的景观，但我们所选择的外部空间都处于城市环境中，具有高度的辨识度和围合性。

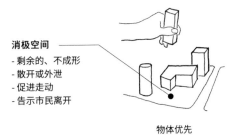

消极空间
- 剩余的、不成形
- 散开或外泄
- 促进走动
- 告示市民离开

积极空间
- 形状清晰
- 几乎围合
- 促进逗留
- 促进市民参与

物体优先　　　　　　　空间优先

反转你的思维

我们的文化使我们倾向于把现实看成是物体的排列。以现代人的眼光来看，空间是我们从中造物或置物的一处空地。我们通常不会为空间赋予形状，而是将其视为放置物体产生的剩余物或残留物。

反过来，这种认识也适用于城市场所的营造。正如人们通常会为建筑赋形一样，城市设计师也能为外部空间赋形。建筑往往是剩余物；它们通常被选址、配置、形成，甚至变形，这样就可以为公共街道和广场赋予清晰而有意义的形态。

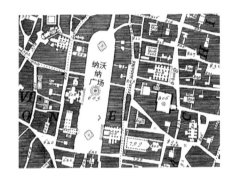

罗马城（诺利地图局部），1748 年

空间不能创造空间，形式才能创造空间。

　　为了赋予公共空间一个清晰的形状，它必须被大量的建筑形式环绕，而不是更多的空间。在步行区，地面覆盖率（街区内建筑占地面积与土地面积的比例）通常会超过50%。在古代城市，这个比例可能超过90%。

波士顿的地理郊区　　　许多区域　　　政府层面的　　　第十三区 / 准城市化的
　　　　　　　　　　　　具有市郊特征　　　城市形态　　　　　　村落

马萨诸塞州牛顿市 [1]

1　本书插图系原文插图。——编者注

城市不一定都是市区，郊区不一定都是市郊。

市区（urban）：人口密度高，具备综合功能。市区可以位于一个城市的政治边界之内或之外，其规模可能是一个村庄、一个社区、一个行政区、一个城镇或一个城市。

市郊（suburban）：市郊从字面意思来看就是城市的郊区，其量级低于市区，人口密度低，且功能分离。"市郊"居民点也是地理学上对大城市周边聚居地的描述，即使它可能部分或大部分是市区。

城市（city）：复杂的、人口众多的聚落，通常包括市区和市郊，有时甚至包括乡村。城市可以是正式的政治实体，也可以不是。

城市蔓延（urban sprawl）：市郊蔓延的误称，因为城市化本质上是紧凑的。

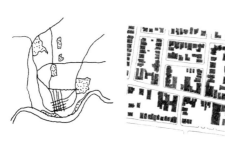  

城市设计

景观建设

规划　　　　　　　　　　建筑

城市设计不是大写的建筑

城市设计影响房屋建筑，也受房屋建筑的影响，但城市设计并非设计各种各样的建筑。它是公共领域的设计，其中包括建筑之间的关系。它受到许多学科的影响，包括建筑学、公共政策、行为科学、社会学、环境科学、景观建筑学、城市规划和工程学。

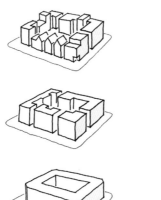

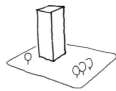

单体类型的街区

街墙类型的街区

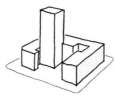

混合类型的街区

向街墙致敬

大多数城市建筑应该作为**街墙建筑**（streetwall building），即沿着或靠近人行道有连续或几乎连续的临街面。这会促使街道空间具有持续的形态，并且能令行人靠近建筑的底层用途。在最舒适、最适合步行的街道上，街墙占整个街区临街人行道的 50% 以上，通常接近 100%。

物化的建筑[1] 被开放空间包围。我们往往只能看到街墙建筑的一侧或两侧，但却能够绕着一座物化的建筑来回转，并将之视为三维实体。它的设计通常与周边环境没有呼应。例如，它的位置从街墙后退，被抬高到地平面以上，或是在附近遍布的几何体建筑中自成一体。

1　物化的建筑（object building）为哲学与建筑学结合的专业术语，通常脱离文脉而存在。——译者注

编织一些织物

　　纺织品是由许多单独的线编织成一个整体而形成的。当我们大致地观察时，这份由此织成的布料具有一种统一的面貌。但当我们仔细观察时，布料又呈现出巨大的多样性——线与线之间的色彩、厚度、间距、纱节及其他的局部偏差，以及嵌入的斜纹或提花图案等。

　　一件实用又迷人的衣服具备一些特征——接缝、暗褶、纽扣、翻领和袖口。但是，如果这份织物没有一致性和强韧度，就没有这些特征，甚至根本做不成一件衣服。

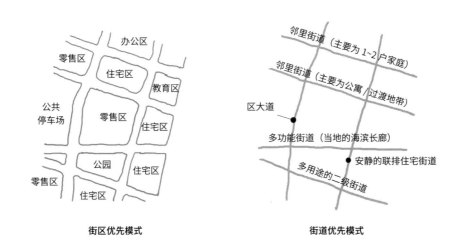

街区优先模式　　　　　　　　街道优先模式

设计街道，而不是街区。

　　20 世纪的城市设计师和规划师通常错误地将城市视为街区的集合体，通常每个街区都有单一的用途。但对于那些居住在城市的人来说，他们的首要兴趣在于街道。企业主、房主和行人都希望他们所处的街道具有完整性和连续性——沿街上下，以及他们所在地方的对面都是如此。如果一个街区的另外三面与他们所在的那一面具有相同的用途，他们也不会从中受益。

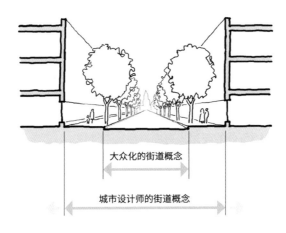

大众化的街道概念

城市设计师的街道概念

街道并不是从路缘石到路缘石的

　　街道不是机动车行驶的二维表面，而是从建筑立面延伸至建筑立面的可容空间。城市设计师对街道的关注可能会进一步扩展，进入建筑里面。

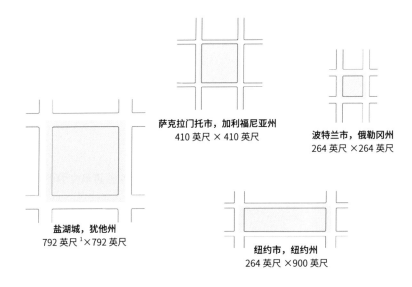

萨克拉门托市，加利福尼亚州
410 英尺 × 410 英尺

波特兰市，俄勒冈州
264 英尺 ×264 英尺

盐湖城，犹他州
792 英尺[1]×792 英尺

纽约市，纽约州
264 英尺 ×900 英尺

典型街区大小，从街道中心线到街道中心线，包括街区中间的小巷

1　1 英尺 = 30.48 厘米。——编者注

小型街区更友好

　　街区越短，人们就越容易探索，选择喜欢的路线行走，或只是绕着街区散步一圈。在最适合步行的城市地区，街区至少在一个方向上的长度小于 275 英尺，这是一个普通步行者一分钟就能走完的距离。一个街区在另一个方向上可以更长一点，但如果超过 600 英尺左右，就应该在街区中间开辟一条捷径，比如人行道、袖珍公园或直通走廊。

　　较短的街区意味着拥有更多的交叉口，为更多的商家提供更高的可见度。长点的街区往往更安静，这可能不利于街区中段的商家。但是，这可以使街区内的住宅受益，尤其是在大城市。曼哈顿的东西向街道极其长，使街道最内里的部分与异常喧闹的商业大道之间得以缓冲，这些商业大道位于街区的南北短方向上。

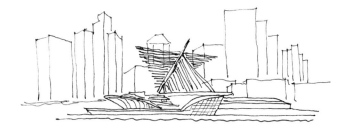

密尔沃基艺术博物馆

圣地亚哥·卡拉特拉瓦，建筑师

如果每座建筑都是地标，那就没有地标了。

　　一座物化的建筑必然成为聚焦点。把物化的建筑的地位属性限定给那些真正重要的建筑，例如主要的市政及机构类建筑。当物化的建筑成为一个地区的常态而不是特殊事物时，开放空间会增加，而宜居性和步行便利程度则会降低。

市郊

市区

市郊的街道汇集，市区的街道相通。

　　市郊的街道网络通常是分层的。每条道路从层次较低的街道汇集交通车辆，并将其输送到更高一级的街道。例如，郊区住宅的死胡同仅供居民及访客使用。它可能会形成一条环环相扣的邻里街道，邻里街道与当地的三级街道相连，三级街道与黄条纹的次级道路相连，次级道路与一条多车道主路相连，多车道主路与一条主要高速公路相连。

　　市区的街道更加均等，且相互交织。几乎每条街道都与其他很多街道相连，这样人们通过任意街道就可以从系统中的任意一点到达其他的任意一点。甚至住宅区内的街道也允许交通贯穿其中，这能减轻整个系统的负担，促进社会的互联互通。

市郊居民沿垂直路线行走，市区居民沿平行路线行走。

　　郊区土地按使用目的来规划，因此郊区体验往往趋向于选择性的、单一变量的，并且以目的地为中心。当人们前往目的地或在目的地之间行进时，每个目的地对应着一个目标。中间的旅程通常不具备体验价值。这就是为什么郊区居民在沿公路的商业区购物时，往往只在汽车和商店正门之间走动。如果要前往多家商店，他们通常会回到自己的车上，开一小段距离，然后依照直接的路线到达下一个目的地。

　　市区体验是连续性的、间接的、偶发的。一切体验都是一起涌现的，而不是一次一个。尽管人们心中可能会带着目的地在市区穿行，但通往目的地的旅程将是丰富多彩、充满魅力的。

16

当创造出与目的地一样令人向往的旅程时，城市主义就起作用了。

——保罗·戈德伯格

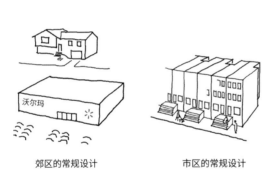

郊区的常规设计　　　　　市区的常规设计　　　　　大型建筑的适应性设计

收窄街道上的边线

在最适合步行的街道上，建筑及建设场地的宽度往往不到 20 英尺。这使得行人可以在短距离内获得很多体验的机会，一个行人可以用走过一座 100 英尺宽的建筑的时间走过 5 座 20 英尺宽的建筑。一路走来，他或她可能会获得五种有趣的体验，光顾五家不同的商店，或者遇到五个不同的邻居。

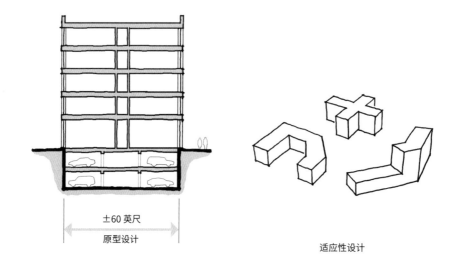

±60 英尺

原型设计

适应性设计

将大多数建筑设计为 60 英尺宽的条状建筑

如果一个 400 英尺 × 400 英尺的街区完全被一座建筑填满，那么其中的一些居民会距离自然光和空气 200 英尺，这是一个不可接受的距离。此外，还需要迷宫般的长廊才能进入位于建筑内部深处的空间。

大多数大型城市建筑应该被视为宽度 55~65 英尺的传统连廊建筑的变体。这种维度可容纳一条室内长廊，廊两边排列着一些功能空间，如住宅公寓、酒店客房、教室、医院病房或办公室等。如果在建筑的其他楼层设置这种维度，也能作为停车场的适用尺寸。

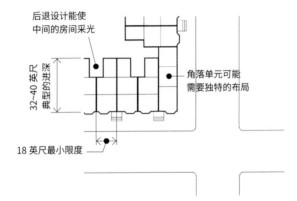

后退设计能使
中间的房间采光

32~40 英尺
典型的进深

角落单元可能
需要独特的布局

18 英尺最小限度

联排住宅：进深少于或仅为三个房间。

城市的联排住宅从前到后的纵深几乎都是三个房间。这确保了中间的房间与自然光和空气的距离不超过一个空间。通常，最后面的房间比前面的房间窄，这样光线和空气就可以直接进入中间的空间。

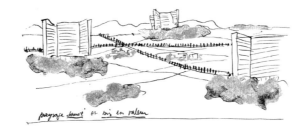

paysage sauvi et mis en valeur

《光辉城市》的草图，勒·柯布西耶

在许多情况下，把草图画得粗糙点。

最好是用粗糙的草图传达某个想法的精髓，而不是等到有时间了才力求把它完美地绘制出来。草图是对话的载体，而不是最终的正确答案。它所表达的是，"这是我正在思考的东西"，而非"这是我描绘出来的东西"。

如果你不确定你想要表达的想法，那就把它画出来。现在就画一张粗糙的草图，看看它能告诉你什么，征求别人的意见。如果你有更多的时间，再画出更好的草图。与此同时，继续画更多能表达其他想法的粗糙草图。这能让你避免浪费宝贵的时间对一些想法进行精致的描绘，因为这些想法在画完之前，就可能被你放弃了。

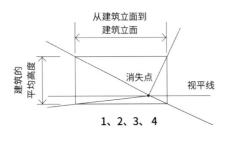

从建筑立面到
建筑立面

建筑的平均高度

消失点

视平线

1、2、3、4

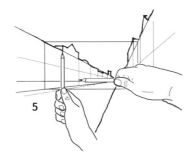

5

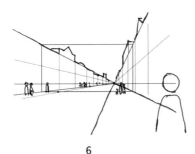

6

如何绘制街道的一点透视图？

1. **按街道横截面的比例画一个矩形。**如果建筑立面与建筑立面之间的距离为 60 英尺，平均建筑高度为 30 英尺，则绘制一个水平比例为 60∶30（即 2∶1）的矩形。

2. **设定视平线（horizon line，HL）的位置。**这是你的眼睛离地面的高度。如果你的身高为 5 英尺 6 英寸[1]，那么你的眼睛高度大约是 5 英尺，或者在 30 英尺高的矩形的 1/6 处。

3. **在视平线上建立一个消失点（vanishing point，VP）。**由于视角在右侧人行道上，因此把消失点放在矩形的右侧边缘附近。如果视角是从街道的中心出发，要把消失点放在视平线的中点附近。

4. **通过矩形的四角从消失点画出引导线。**这些直线将成为典型建筑的顶部和底部。

5. **设定路缘、建筑和其他主要元素。**如果你画的是在现实生活中看到的街道，将铅笔保持一臂远的距离，并以"铅笔为单位"确定所有元素的相对大小。

6. **画出和你一样高的人。**以视平线为中心画出任意大小的头部，然后按比例画身体。一个普通人大约为 7.5 头身。

---

[1] 1 英寸 = 2.54 厘米。——编者注

维护街道安全的是市民，不是警察部门。

使用和观察一个空间的人越多，他们的兴趣就越多样化，这个空间就越安全。

对你拟建的每个空间进行**使用测试**，看看它是否有许多理由让不同的人来使用。对其进行**时间轴测试**，以确定人们是否会在一天和一周内使用它。对其进行一项**年龄测试**，看看年轻人和老年人是否会从中获得回报；对其进行一项**本地人—外来者测试**，以衡量当地人和外来者的使用情况。对其进行一项**路径—目的地测试**，看看人们在前往该地区时是否会偶然经过。对其进行一项**坐—站—靠测试**，以确定该空间的形状和边缘是否允许短期及长期使用。对其进行一项**遮阳测试**，以确定该空间能否适应全天和全年曝光。对其进行一项**邻居是否爱管闲事测试**，看看居民是否很容易忽略在家中发生的事情，尤其是在一楼或二楼。通过这项测试的公共空间可能是最安全的。

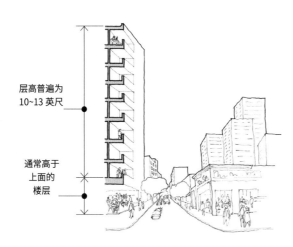

层高普遍为
10~13 英尺

通常高于
上面的
楼层

23

在四楼，我们往往会失去对街道的认同感。

在建筑的二楼，我们通常可以听到声音，认出面孔，并能与楼下人行道上的人进行简短的交谈。在三楼，我们与街道上的人互动要困难得多。在四楼，我们倾向于更广泛地认识社区或区域。当我们在更高楼层时，相关的环境就变成了城市天际线、自然景观、地平线和天空。

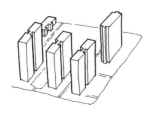 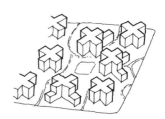

范·戴克住宅项目		布朗斯维尔住宅项目
13 栋 14 层的楼房、9 栋 3 层的楼房		带 3 层翼楼的 6 层楼房
16.6%	建筑密度	23%
288 人 / 英亩[1]	人口密度	287 人 / 英亩
94.4%	少数族裔人口	97.4%
4 997 美元	平均收入	5 056 美元
185 人	每千人中的犯罪人数	147 人

改编自奥斯卡·纽曼的著作《防卫空间》(*Defensible Space*)

---

1   1 英亩 ≈ 4046.86 平方米。——编者注

相同的密度，不同的结果。

24

1972 年，建筑师奥斯卡·纽曼比较了纽约市范·戴克和布朗斯维尔住房项目的犯罪率。这两个项目分布在同一街道的两边，有着相同的人口密度和相似的人口结构。但布朗斯维尔住宅项目的犯罪率明显较低。纽曼将此归咎于范·戴克项目的高层建筑。

纽曼认为，布朗斯维尔项目的低层设计促进了合理的"属地意识"：居民保护公共区域，将其作为他们自己住宅的延伸。他主张在其他项目中采用一些设计特色，以帮助居民扩大他们的"责任范围"。窗户和入口的设计可以让居民随意地观察进出的情况。在大型开发项目中，楼栋单元可以分组排布，以促进居民对公共空间的熟悉度，并促进相互监督。

防卫空间理论继续影响着城市设计，尽管它在某些方面存在争议。纽曼后来承认，他忽视了这两个项目在人口统计学上的一些差异，并开始更加重视租户政策和福利依赖现象。

礼俗社会

（社区 / 地方性）

建立在熟悉度和隐性信任
基础上的社会结构，
在传统的小城镇中可以找到

法理社会

（社会 / 世界性）

建立在理性共识、
明确表达权利和责任基础上的
社会结构

25

城市既为熟人，也为陌生人而设。

在城市的**地方性**空间里，盛行熟人关系。人们对社区有认同感，在这个社区里，熟人之间认为地方性事务最重要，并且共享共同利益。

城市还必须为市民提供与陌生人相遇和共存的场所。**世界性**空间更加世俗化和多样化。这是人们可能隐藏或不为人知的场所，也是我们可能接触到与我们截然不同的人的地方。

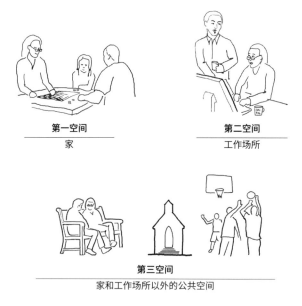

第一空间
家

第二空间
工作场所

第三空间
家和工作场所以外的公共空间

《最好的场所》（*The Great Good Place*），雷·奥尔登堡

平凡的生活并不无聊

最真实的城市文化不存在于特殊事件中，而存在于街头生活中——当没有什么不寻常的事情发生时，街头活动的嘈杂声可以使一些街道和地区活跃起来。

街头生活不能被线性地创造出来，它不是努力就能创造出来的结果。这是从日常生活中产生的次生现象。作为行人，城市居民的主要活动是送孩子上学、乘坐交通工具、上班、购物以及参观图书馆等。以行人活动为基础，人们可能会受激发去寻找纯粹享受的区域。从这个意义上说，街头生活不是街头生活，而是有时间消遣的人观察到的平凡生活。

当你负责创建一个城市项目时，拥抱平淡无奇的生活吧。设计一些能容纳和庆祝日常生活的场所。基于某种事件发生的文化活动只会产生一次性的奖励，而日常生活每天都发生，每天都有回报。

27

如果你要在救济所旁边设计一个公园，最好是为使用救济所的人而设计的。

公共空间是为所有人开放的。要仔细考虑那些可能会被你潜意识地排除在所设计的空间之外的东西。要注意那些宣传不良社会意图的设计线索：一座新建筑如果比邻近的建筑离街墙远几英尺，可能表明它的业主和租户认为自己比当地人优越；一个广场为旁边的豪华酒店设座，而不为挨着的公交车站提供座位，可能表明它对较低经济阶层的人不屑一顾。专为特定阶层、种族或年龄组的人所偏好的活动而规划的公园将排斥其他人，即使没有这类政策的告示，也是如此。

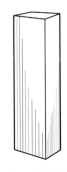

一座 40 层的建筑	40 座 4 层的建筑
面积 60 万 平方英尺 [1]	面积 60 万平方英尺
一位外地业主	许多当地业主
一位外地的"明星建筑师"	许多当地建筑师
建筑单一化	建筑多样性
大型外地承包商	许多当地承包商
企业租户	小租户
由一家大公司维护	由许多小公司维护
支持区域文化和全球文化	支持当地文化
大部分利润离开当地	大部分利润留在当地
支持 1% 的人	支持 99% 的人

---

1   1 平方英尺 ≈ 0.09 平方米。——编者注

28

理想的社会秩序是怎样的?

社会秩序是社会、经济、文化、政府的实践和行为交织的系统。它既明确地存在（例如，存在于宪法规范或官方经济政策中），也隐性地存在（例如，在机构和个人的潜意识或默认的假设和实践中）。一种社会秩序往往会持续数十年或数个世纪。通过发展或改革可以使社会秩序发生变化。建筑环境不可避免地体现并促进了一种社会秩序——要么是现行秩序，要么是潜在的新秩序。

城市有能力为每个人提供一些东西，只是因为，而且只有当这些东西是由每个人创造的时候。

——简·雅各布斯，《美国大城市的死与生》

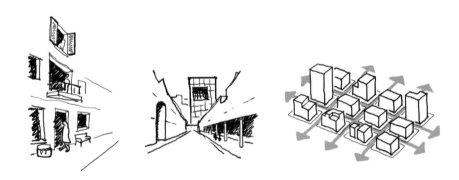

不同尺度下的城市孔隙率

孔隙率 = 可能性

　　一个由多孔建筑组成的空间，即使是一般的建筑，也会让人感到愉快和充满希望。当建筑立面有宽敞的开口和带有公私过渡空间的时候，建筑内部的生活和事件会不断地进入公共领域，由此形成空间的孔隙率。这个区域的激活能引发人们的兴趣，并表明建筑住户对公共领域感兴趣，也许还对我们这些路人感兴趣。

　　如果一条街道不能展示其墙后隐藏的东西，我们可能就会避开它。我们对此的解释是：那条街道上的私人生活和公共生活没有商量的余地，扎根在那里的人们对我们不感兴趣，甚至可能会对我们产生怀疑。

随机假设：更多的玻璃幕墙并不意味着更开放。

31

窗户用于协调公共和私人领域。无论是从外往里看还是从里往外看，我们都会因不熟悉的人和活动而对陌生和未知的事物感到好奇，并对这些事物保持理想化的宽容度。

从表面上看，一座完全由玻璃覆盖的建筑最大限度地实现了这种内外协调。但在实际体验中，全玻璃幕墙的建筑往往会增加我们的隔阂感。一旦玻璃展示出其连接内外的最大能力，我们的参照框架就会发生变化：我们不再将玻璃幕墙默认为实心墙，而是认为根本就没有玻璃。我们越来越意识到，玻璃并不具有真正的渗透性。它不允许直接接触。它禁止我们与人交谈，触摸陈列的商品，或闻一闻玻璃另一边的食物。传统的墙壁所暗示的一些体验和情感——隐藏、模糊、期待、启示和奖励，都从我们身上拿走了。我们没有感受到更紧密的联系，反而感到被剥夺了联系。

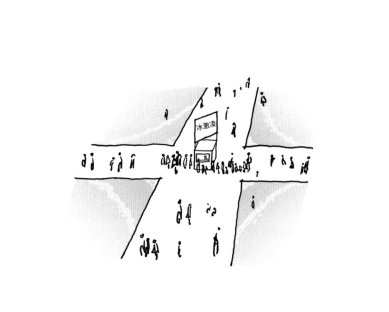

32

我们很懒……除非有奖励。

　　人们通常会寻找最简单的路线到达目的地，这种路线通常意味着最短的路径。如果我们要做些额外的工作，比如绕远路或上下台阶，就需要得到奖励。城市设计师的工作往往是让人们做这些额外的工作，以丰富个人体验，促进社会和经济的互动。

遮阳篷和屋顶悬挂于遮光玻璃上方，使人更容易看到室内的展示

大面积玻璃区域

鼓励行人浏览的手推车，传达信任感

行人经过悬挂牌下方时能局部地体验商店

凹式立面为户外陈列提供宽敞的空间

特殊物品的独立展示柜

MIDTOWN

中城学者书店，宾夕法尼亚州哈里斯堡

如果无法预知即将发生什么，我们就不会为之烦恼。

在进入一座建筑之前，我们会很明确或默默地考虑一个简单的问题：它是否提供了足够的关于自身的信息，让我们感到舒适或感兴趣进入里面？接下来，我们可能会产生其他想法：如果有商品在售，它们会不会太劣质或太昂贵？什么情况可能会带来惊喜？谁已经在里面了，他们对我们会有什么期待？如果我们进去只是转一转就离开，会不会让他们尴尬，或者让自己难堪？

如果我们无法给出令人满意的答案，就宁可保持稳妥，并继续前行。

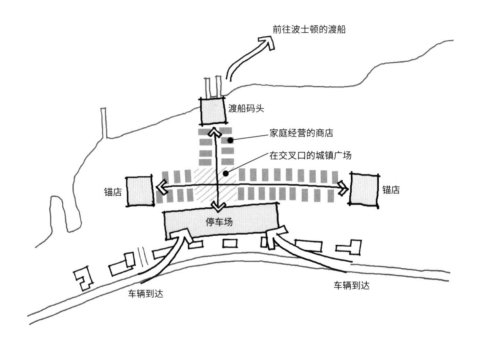

前往波士顿的渡船

渡船码头

家庭经营的商店

在交叉口的城镇广场

锚店

锚店

停车场

车辆到达

车辆到达

锚图，欣厄姆船厂村提案

激活、激活、激活

　　郊区的购物中心因两端都设有锚点——大型百货公司，而变得活跃起来。一个锚点本质上会吸引很多购物者，其中有许多会走到另一个锚点上。当购物者这样活动时，就活跃了购物中心的公共空间，而且可能会光顾沿途的小商店。

　　锚点可以用来激活许多城市空间。例如，位于同一地点的办公楼和车库将产生单一的活动场所。但如果它们相距一两个街区，在每个工作日里，它们之间至少会发生两次行人活动。这将推动对干洗店、咖啡店、餐馆、药店和银行的需求，为建筑、商业和人们带来好处，而不仅仅是那些投资基础项目的人。

　　任何两个相关用途的大型空间几乎都可以被部署为锚点：住宅项目和超市，酒店和购物区，活动场地和公交车站。然而，锚点的引力作用很有限。如果两个锚点之间的距离太远，它们之间的空间将无法被充分激活。

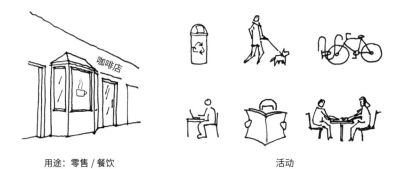

用途：零售 / 餐饮　　　　　　　　　　　活动

识别活动及用途

　　用途就是一个场地、建筑或地区的一般用处。它通过分区和建筑规范来实现：工业、教育、零售、住宅、机构等。**活动**就是更多数量的、更具体的能使用到的行为。通过识别活动的种类，你会更好地在项目中融入现实生活的细节，并及时将之激活。这有助于保证项目成功施行。

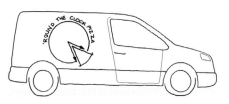

让停车场非常大或非常小

当众多中型地块——8个、10个、20个空间——散布在某一地区时，会产生过剩的开放空间，破坏步行友好性，而且会刺激更多的机动车使用。但是，位于行人密集区外围的一个大型停车场或车库可以容纳数十辆甚至数百辆汽车，同时使大部分或全部城市景观保持完整。

同样，可以塞进一两辆车的铺砌区域通常隐匿在城市景观自然形成的生态位中，而不会破坏城市景观。私人住宅的车道是个例外，它们有时会在联排住宅前配置。每一个路缘坡几乎都会用去街道上的一整块停车位，剩下的路缘空间往往不足以容纳一辆平行停放的汽车。其结果往往是停车位的净减少。

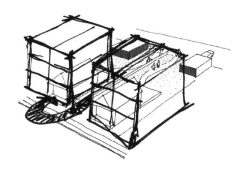

当在后方提供停车位时，也应提供临街休息区和鼓励使用街道的其他设施，
在多层建筑的前面设置停车场入口

把停车场设在建筑前面

停车场通常设在城市建筑的后面，目的是对街道的行人保持友好性。但这也可能会出现相反的结果。例如，当联排住宅建在一条拥挤的街道上时，它们通常靠着人行道，而且后面会设有一个共享停车场。然而，如果居民经常从后面进入他们的房子，这将成为事实上的前线。他们面向街道的前门将成为他们的后门。这条街道不仅不会变得更友好，反而会失去活力。

当在商业建筑后面设有停车场时，底层的商家会感受到压力，因为要提供前后通道。这可能会加重小经营者的负担，因为他们通常无法监控所在空间的两端。有些经营者会锁上临街的门，并保留一个活跃的后门。

地面接入		站台接入
停靠站（类似公交车站）	**站点或车站**	车站
1/8 至 1/2 英里 [1]	**站距**	1/2 英里
缓慢	**速度**	快速
1 或 2 辆汽车	**长度**	通常为多辆汽车
市内 / 当地	**通常服务范围**	市内 / 整个区域
线性 / 连续	**发展模式**	大城市或城市节点
是	**与汽车结合**	否

1　1 英里 ≈ 1.6 千米。——编者注

乘客的上车模式驱动着交通系统

　　地面接入式交通（有轨电车和轻轨）允许乘客从人行道或街道上车。这种交通的节奏较为悠闲，每隔一两个街区就会停下来。这种交通可以使用专属的路权（ROW），但其轨道通常与汽车和公共汽车占用相同的道路，赋予街道一种独特甚至浪漫的特色。分级交通往往与连续密集的线性城市开发相关，例如主要的多功能大道。

　　站台接入式交通（通勤铁路，有时是轻轨）要求乘客从车厢底板高度的站台上车。这种模式的路权与汽车及行人隔离开来，可以让行驶速度更快，停车距离更远。地下（地铁）和高架（城市轨道交通系统）的路权往往与大城市相关联。这种交通模式的地面路权必须与机动车辆分开，并且通常与间歇性/节点发展模式相关。

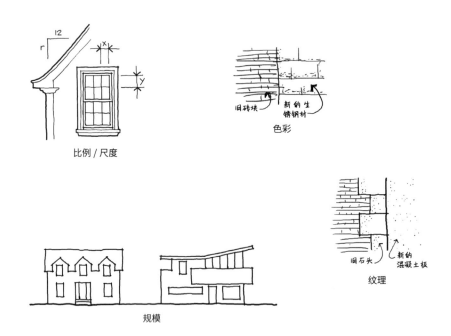

比例 / 尺度

旧砖块　新的生锈钢材

色彩

旧石头　新的混凝土板

纹理

规模

在历史背景下，要关注基本的物理特性，而不是风格

仿效胜过仿制

仿制，就是复制表面的物理特性。仿效，就是从中汲取深层的灵感。一位设计师可以仿效另一位设计师，但他创造出来的东西与第一位设计师的作品完全不同。

40

你不希望看起来像你的英雄，你希望的是像你的英雄那样看问题。

——奥斯汀·克莱恩，《好点子都是偷来的》

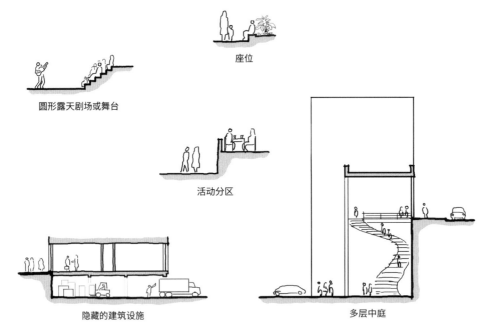

座位

圆形露天剧场或舞台

活动分区

隐藏的建筑设施

多层中庭

场地并非都很平坦

　　一个看起来平坦的地方通常会有几英尺的海拔变化。处理地面坡度可能很烦人，但如果你接受了这种变化，将有助于整合有趣的本地特性，甚至可以从概念上组织整个场地。1.5 英尺的差值可以为设置挡土墙或座位提供机会。3 英尺或 4 英尺的变化可用于连接迥异的活动。10 英尺或更大的坡度意味着可以创建一个双层高的、能从不同楼层进入的内部空间，或者意味着可以提供一种隐藏建筑设施的方法。至少，一个场地的自然坡度必须用来管理雨水径流。

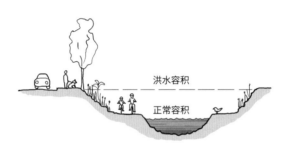

洪水容积

正常容积

让洪泛区产生作用

　　虽然城市主义似乎遮蔽了自然，但人们总是在自然中进行设计——即使在设计硬景观时，也是如此。自然进程为设计师提供了一个嵌入式的环境，就像交通系统、人行道、建筑环境和其他"硬性"因素一样。如果你富有同情心地回应，人造的世界和自然的世界将不是两座孤岛，而是一个整体的系统。

第一次世界大战纪念馆，密苏里州堪萨斯城

抬升高度带来荣誉感，降低高度带来谦卑感。

　　抬升一个空间或一座建筑意味着它是重要的、特殊的或胜利的象征，但在某些情况下可能会表现出冷漠的感觉。降低高度会使它更亲密、安静或谦逊，但在某些情况下可能暗示着屈服或失败。

　　一两英尺的差异就可以产生很大的不同。比人行道低几级台阶的广场可以让人出乎意料地平静下来。但如果附近的交通拥挤不堪，居民可能会觉得很容易受与视线平齐的车辆挡泥板和前灯的影响。高架公园可以缓解城市的拥堵。但如果人们从下面看不到它，或者怀疑爬楼梯所付出的努力得不到充分的回报，就不会去使用它。因此，常规使用的高架空间往往设在大城市的行人密集区效果最好，因为愿意爬楼梯的人仍然会使高架公园产生足够数量的用户。

43

不可能每个建筑立面都是正面

正面很漂亮、得体，而且通常维护得很好。背面可能很丑陋、黑暗、发臭，甚至很恐怖。为什么不设计一个只有建筑正面的区域呢？为什么不把装载码头、垃圾和其他设施隐藏在室内空间，通过一扇门传递令人反感的物料呢？

实际上，这几乎总是不可行的。因为室内空间太有价值了，特别是在一些令人向往的地区，它不能让给那些在经济和美学上对建筑没有贡献的用途。此外，前后的区分有利于公共领域的用户，帮助他们区分私人和公共、正式和非正式、仪式和日常的空间。尽管建筑的背面可能带有一些令人反感的品质，但它们几乎总是充满趣味。

建筑的正面应该总是面向其他建筑的正面。如果在一个设计方案中，建筑的正面对着其他建筑的背面，就会使公共体验和私人体验混淆。这种结果通常是由于对街区、街道和地块的基本布局和尺寸的疏忽造成的。经常出现在交叉口的"前后的关系"往往是不可避免的，也是可以接受的。

形成空间的树木   自成一体的树木

有些树木更具有城市属性

　　美国榆树等凹弧形的树木，美观地界定出公共空间的轮廓。糖枫树和白蜡树等球状的树木不能很好地界定空间，尤其是当它们还是幼树的时候。

　　树木的物理位置进一步影响我们将其视为物体还是空间的塑造者。当树木散落在前院时，它们是漂亮但又有点淡漠的物体，很少或根本不能塑造公共空间的形状。在路边排列的同类树木可以优雅地区分车辆和行人的空间。

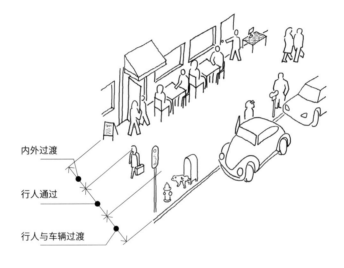

内外过渡

行人通过

行人与车辆过渡

人行道区域

你需要的空间比你想象的更多，也比你想象的更少。

在建筑内部感觉宽敞的房间、楼梯或其他空间及元素，放到室外时通常会感到拥挤或局促。在室内时，我们的参照点带有个人和局域性：我们的身体、家具以及一间普通的房间。在户外，我们的参照点更大、更具公共性：树木、街道、建筑、街区、广场和天空。

一旦人们适应了外部空间的规模，就可能需要进行相反的调整：人们在城市环境中需要的空间往往比预期的要少。与同等规模的郊区空间相比，特定的城市空间通常适合举办更多的活动，因为城市居民习惯并重视近距离和喧闹声。

46

尺寸

客观测量

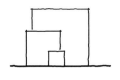

尺度

一个实体相对于其他实体
的大小

人体尺度

一个实体相对于人体的尺寸，尤其
在促进心理舒适感时

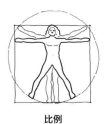

比例

一个实体或系统内各种维度的对比，
例如高宽比

大小很重要

我们享有的空间受到许多定性因素的影响，因此很容易忽视客观测量的重要性。

在设计街道、广场或其他空间时，请亲自参观类似的空间。试着猜测或凭直觉判断它们的尺寸，然后进行测量，并对比你的预测数据，看看会如何。你可能会发现，具有相似维度的空间在大小上会感觉非常不同，这取决于空间边缘界定的清晰度、使用强度、硬表面和软表面的比例、附近建筑的高度、附近其他空间的大小和性质，甚至取决于这些空间所在的城市或城镇的总体规模和人口数量。

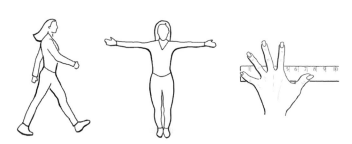

47

测量你自己

　　测量并记住你的平均步幅、臂展和手展，这样你就可以快速估计在野外遇到的情况。还要记住常见建筑元素的大小，如砖块（8 英寸宽，包括砂浆接缝在内的 3 层砖块高度几乎总是 8 英寸）、混凝土块（16 英寸 ×8 英寸）和商业设施的门（通常是 3 英尺宽 ×7 英尺高）。开发用于测量大片区域的系统方法，例如测量和计算人行道的分类，以估算街区的长度。

灵感来自辛辛那提自然中心

简单，不是简单化。

　　一个简单的解决方案是直接而优雅的，而且无须额外去忙活。它在解决特殊问题的同时，提炼出问题的本质。一个简单化的解决方案可能看起来类似于一个简单的解决方案，但基本上会误导人：简单的解决方案是高度有依据的，而简单化的解决方案缺乏深入问题本质的细致的洞察力。简单化的解决方案很容易想出来，而简单的解决方案可能很难实现。

欧椋鸟群

复杂，不是复杂化。

　　一个复杂的系统在许多层面上所呈现的经验和智识吸引着我们。它的各个层次和方方面面丰富、强化并推动了整体。

　　一个复杂化的系统将不相关或缺乏有意义对话的事物并置在一起。复杂化的设计解决方案往往源于一个过于线性的过程——设计者不断地将新的解决方案添加到旧的解决方案中，而不后退一步去考虑一个更全面、更有依据的方法。

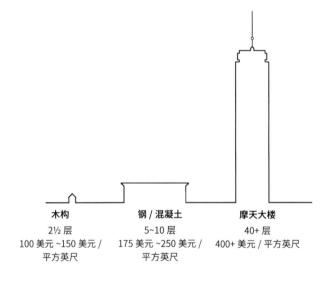

木构
2½ 层
100 美元 ~150 美元 /
平方英尺

钢 / 混凝土
5~10 层
175 美元 ~250 美元 /
平方英尺

摩天大楼
40+ 层
400+ 美元 / 平方英尺

美国的大致平均建筑成本，2017 年

建筑越高，效率越高……在一定程度上。

特定建筑类型的建筑建得越高，通常越便宜。例如，一座3层的木构建筑每平方英尺的成本要比一座类似结构的2层建筑低，而其他因素都保持不变。钢铁和混凝土建筑的造价也会有所下降，但只是在一定程度上。建筑超过30层左右时，每平方英尺的成本就会增加。这是由许多因素造成的，包括施工现场的物流、更密实的地基、上部结构、疏散出口、电梯、防火和机械等系统，还有地下停车场，以及解决环境、社会、交通、经济和法律问题的前期成本。

更高的建筑成本意味着施工完毕的空间租金更昂贵。高层建筑固有的低效率也推高了租金，它在每层平面图上用于楼梯、走廊、电梯和机械服务的面积占比更高。高层建筑的土地利用率高，但楼层规划效率低。

51

避免空白

如果一条街道通向一个空旷或混乱的视野，那么就会削弱人们对街道的体验。

笔直的街道：以主楼、钟楼、水塔或其他高挑建筑元素作为观景走廊的终点。

弯曲的街道：一条微妙的曲线可以遮挡不合意的景色，并激发人们对远处事物的好奇心。在中途提供奖励，以维持那些冒险前进的人的兴趣。

树木：当沿着路边有规律地植树时，树木似乎会在远处交接，从而遮挡远方的视野。

更地方性 更世界性

为社区赋予一种角色

木结构社区：2~3 层的建筑，每栋建筑都有 1~3 个住宅单元和一个小庭院。人口结构涵盖从单身到有家庭的不同收入的成年人。商业活动通常在街角或附近的商业区进行。

主街社区：经典的小城镇商业区，2~5 层，用途广泛，高层为办公室和住宅公寓。

公寓建筑社区：中高层（±3~8 层）的砖石或钢结构建筑。许多建筑的底层为商业活动。人口结构涵盖从单身到有家庭的不同收入的成年人。

城市边缘社区：位于城市边缘或过渡区域，建筑的用途、大小和特点各不相同。人口结构涵盖的范围可能很广，从贫穷、被边缘化的公民到前卫的专业人士都有。

联排住宅社区：经典的排屋，通常为 3 层或 4 层，砖砌或石砌结构。人口结构涵盖从单身到有家庭的不同收入的成年人。商业活动通常在街角或附近的商业区进行。

闹市区：位于城市的中心区域，通常有许多高层建筑。建筑和企业所有权可能倾向于公司。底层的零售业务可能服务于工作日的上班族和周末的游客。

53

路径

清晰可识别的人行道或街道

边缘

区域或功能之间的分界线

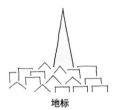

地标

标志性的、可识别的元素，
可以是任何大小

地区

具有独特物理特征的区域

节点

聚集和分散的点

城市心理映射的五个要素
源自凯文·林奇的著作《城市意象》（*The Image of the City*）

导向

　　当我们穿越一个地区、城镇或城市时，自然会试图了解其组织结构，以及我们在其中的位置。在你规划的街道和空间中，确定导向元素，让用户每一步都有方向感。你是否赋予某个地区一种明确的特征，让人们可以直观地知道他们是在区域内还是区域外？人们能否看到不同尺寸的熟悉地标，并且是以令人安心的距离和间隔看到的？你是否创建了令人难忘的节点，以便行人能够自信地追溯他们的足迹？

54

纽约州，纽约　　　　　　　俄勒冈州，波特兰

加利福尼亚州，旧金山　　　　佐治亚州，萨凡纳

不改变尺度的规划

渴望多样化的秩序

90°的街道网格为建筑地块提供了有用的形状，而且便于导航。如果系统地给街道命名，人们从第 2 街走到第 3 街的途中就会知道第 4 街或第 15 街在哪里。

然而，重复的网格会令人产生迷失感。一条街道或交叉口可能和其他许多街道或交叉口的感觉一样。如果一些街区在两个方向上具有相同的尺度或特征，那么一个人的方向感可能会受到挑战。

网格中明智的偏差可以缓解单调乏味，提升导向的力度，并为特殊的公共空间或令人兴奋的建筑创造独特的场所。但是，不能有太多的偏差，否则将会失去基本的秩序，很少或者没有特别的场所能脱颖而出。

几何谱系

空间的层次

路径

尺度的相似性

物体的层次

轴线

材料的相似性

什么是整合?

　　一个项目需要一种可识别的形态或组织单位,使它的各个部分变成一个整体。但不要仅仅寻求整合一个项目,还要将它与其他城市景观整合起来。

建筑如何与地面交会？

　　我们走在人行道上时，很少去注意建筑的整体形式，尤其是它很庞大或很高，或者我们就在它旁边的时候。我们的直接感知通常仅限于一楼，外延感知能延伸到一至两个楼层。因此，在天际线上不起眼的一座建筑，在近距离接触时可能是一座很了不起的建筑，而在天际线上看来很雄伟的一座建筑，在直接体验中可能是一座糟糕的建筑。

57

雄心勃勃的　　特殊的 / 公民的　　非传统的　　　传统的　　　高效的

建筑如何与天空交会？

　　建筑的整体形式可以表达其用途，展现其所有者或租户的价值观，或暗示公民的愿望。设计建筑可能是建筑师的工作，但要展现出你拟定的任何建筑的敏感度，特别是那些高大、独立或以其他方式突出的建筑。

公共距离，12~25 英尺

没有互动的期望；如果存在交流，最有可能是视觉上的，而不是口头上的

社交距离，4~12 英尺

无接触，但眼神接触可以引发
互动；存在对话的可能性

私人距离，1.5~4 英尺

能进行舒适的对话；可以伸
出手去触摸对方

亲密距离，<1.5 英尺

存在高度的知觉感受；
坐得很近，可拥抱、牵
手或触摸

空间关系学，基于爱德华·T. 霍尔的著作

看到，以及被看到；观察，但不要被观察。

很多人喜欢观察人。然而，大部分人不希望呆呆地看着别人，他们想控制自己被观察或参与的程度。这种偏好可以通过多种方式来调适，包括：

创建具有多项活动的空间。活动的嗡嗡声可以防止人们感到被密切地观察，特别是在从事一项独特的活动时。

提供边缘、角落、缝隙、柱子、屏风、有水平变化和衔接的其他场所，让人们有一侧受到保护，或能够进出他人的视野。这些可以使人们不会感到自己一直处于监视之下。

让通道足够宽敞，使陌生人可以舒适地通过。非常宽敞的通道可以用植物、长凳、水平变化和路面铺砌等进行空间划分。

加长或隔开公共长椅，这样陌生人可以坐在一起，而不会困惑于对方是否有交流的意愿。在拥挤的环境中，朝多个方向摆放座椅或者让座椅可以移动，这样人们就可以通过身体姿势来传达社交意图。

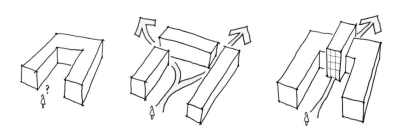

当我们进入一个空间时，就在寻找出口。

　　如果一个公共空间在入口对面的尽头缺乏明显的出口，会阻止许多人使用这个空间——哪怕人们本来就不打算一路穿过这个空间。一个死胡同会下意识地唤起我们的防御本能：如果我们被人从后面追赶，将无路可逃。相比设有直通通道的情况，没有直通通道的街道、小巷、公共购物中心或室内走廊的人更少，趣事更少，活力更小。物理上的死胡同意味着体验上的死胡同，是社会意义上的死胡同、文化上的死胡同，也是经济上的死胡同。

如果边缘失灵，空间就会失灵。

　　公共空间的中心以及更开敞的部分，往往只有在其边缘被占用后才会被占用。作为具有生存本能的生物，我们更喜欢处于边缘位置，以使我们的背部免受威胁。边缘还提供了站立、斜靠和坐下的场所，以及参与视觉、听觉、嗅觉和触觉等感官刺激。

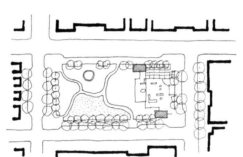

保持中心可用

   位于公共空间中心的雕像、喷泉或其他焦点元素，暗示着人们使用该空间的目的是观摩纪念物，而不是参与公共生活。虽然这种做法有时候很适宜，但在大多数情况下，焦点最好放在偏离中心的位置。这样可以允许人们在中心驻留，防止空间感觉静止。这样也能够将一个空间划分为不同大小和形状的子空间，可供不同的人同时用于不同的目的。此外，一个偏离中心的场地可以引导行人流动，将流通区域与聚集区域分开，并与附近的建筑产生呼应关系。

62

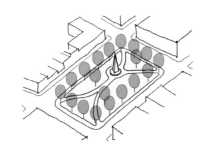 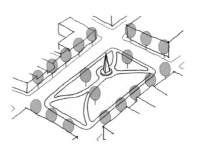

在公园外围种植公园里的树木

　　在公园的边缘位置种植树木，公园会在视觉上变得孤立。附近街道和人行道上的人们会倾向于把公园视为他们可以看到的物体，而不是他们居住和体验的空间。如果种植得特别密集，人们会产生被排斥的感受。

　　在公园对面的街道上种植同样的树木时，会扩大公园的体验区。那么，在街道和人行道上进行日常活动的人也能感受到在使用该公园，而不需要花额外的时间去公园里。

63

人们要么在公园里，要么不在公园里。 人们可以选择与公园接合的程度。

每隔几英尺就吸引一下人们

　　如果被要求做出非此即彼的决定，人们通常会做出消极的反应。如果你想让人们使用某个空间或沿着某条路走，最好为他们提供更多的机会来做出决定。让人们很容易就进入一个空间，然后，为接下来的更多人呈现连续的有吸引力的设计。这样不仅更有可能增加空间的使用率，已在空间里的人还能充当广告，吸引更多的人。

64

在多功能街道上提供间隔≤ 25 英尺的活动门，在住宅街道上提供间隔≤ 50 英尺的活动门

为时速 3 英里做设计

　　步行者平均每秒能走 4.5 英尺。建筑环境如果要维持我们的兴趣，必须每间隔一段就提供刺激和奖励。在老城市里，几乎每走一步都能看到新的景色——引人入胜的窗户、迷人的阳台、远处的尖顶及尖塔的景色。在你的设计方案中，你是否向行人提供了类似的奖励？你是否为行人提供了眼前的、中途的和遥远的兴趣点来娱乐，是否提供了协助行人寻路的设计？

65

可以栖居的地方，但没有直通连接。

旅行的路线，但不是可以逗留的地方。

将行人与车辆分开是有风险的

  一条好的街道包含两种事物：一个值得去的地方和一条行走路线。这些目的是交织在一起的：当一个人开车经过时，可能会发现一条有趣的街道，随后会回来闲逛，并享受它的服务。其中一部分享受是观看他人和车辆列队经过。

  平衡至关重要。一条优先考虑车辆流通的街道可能不适合行人。如果没有大量走动的行人来弥补车辆的缺失，那么，一条清除车辆出行以增强行人体验的街道在经济学上可能会变得不合算、乏味，甚至不安全。这种情况在美国很少见，因为美国只有不到80条街道是步行街，其中一些正在恢复车辆使用。

之前：带地上车库

之后：带 6 层地下车库的公园

波士顿邮局广场
诺曼·利文撒尔，开发商

如果有人能从中赚钱，那么就更有可能出现好设计。

　　某个城市可能会要求私人开发商缩小拟建建筑的规模，或者要求在建筑衔接公共广场的地方增加底层商业。诸如此类的要求将会给开发商带来成本：它们将减少可出租面积，可能由于混合用途而需要不同的融资结构，可能推高底层的建设、运营和维护成本。

　　同时，公共广场可以为建筑底层商业提供客源。潜在的租户可能会发现高层更具吸引力，因为附近有餐饮和娱乐场所。开发商可能会收取比原方案更高的租金。由于私人开发商享有更高的财产价值，该市在该项目中所投入的部分成本可以通过更高的税收得以补偿。

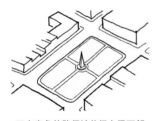

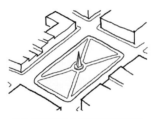

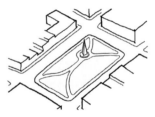

正交直角的路径迫使行人很不舒服地在街区中间进出公园。

对角线路径将公园的环流道路连接到街道的交叉口，这是行人的自然出入口。

稍微蜿蜒的路径提供了趣味和多样性，而且不会显著地影响步行时间。

位于正交街道网格中的公园

公园是道路上的一块开阔场地

当公园的路径延续了周边地区更常见的行人移动模式时，它的效果最佳。这允许行人在去别处的路上可以顺便穿过公园。他们的即兴使用为公园提供了一条活动基线，使公园对其他人来说更安全、更有趣，包括那些将公园作为目的地的人。

68

如果平面高度有 18 英寸，人们就会坐在上面。

　　大多数人会舒适地坐在 15~20 英寸高的平面上。在可能的情况下，将水平台面——花盆、挡土墙、柱基、窗台和护柱的顶部，布置在这个高度范围内。

69

楼梯和坡道，罗布森广场，不列颠哥伦比亚省温哥华市
阿瑟·埃里克森，建筑师

整合，而不是附加。

　　行动不便的人希望和大多数人一样参与到相同的体验中，但如果他们的便利设施扰乱了一个空间，他们可能会感到不自在。同样，身体健全的人有时也会使用坡道或电梯，但他们不希望在这样做时感到尴尬。在设计公共空间时，应该从一开始就将这些便利设施融入设计过程中，而不是只为身体健全的人进行设计，然后再附加特殊的便利设施。为不同的人群做设计不是一种负担，而是一种机会。

70

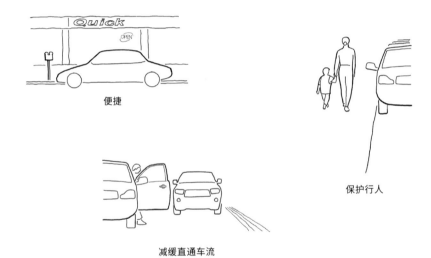

便捷

减缓直通车流

保护行人

路边停车的好处

提高街道的摩擦力

司机习惯性地在街道上超速行驶时，是在对街道固有的空间特征做出反应。驾驶者在街道上行驶得比较慢时，是因为街道边缘会引起摩擦。路边停车最容易制造摩擦，几乎每条街道都应该将路边停车列入其中。狭窄的车道和双向交通也可以让驾驶者减速，成材的树木也能如此，尤其是种植在中间地带时，因为驾驶者不仅想避免碰撞，还想花多点时间享受街道的氛围。在街道上存在许多行人的情况下，也有类似的效果：司机想要防止造成危险，同时也要注意观察行人。减速带、凸起的交叉口和其他局部范围的设计手法可以有效地降低机动车的速度，但这些做法往往只是对街道设计中有基本缺陷的地方进行表面修复。

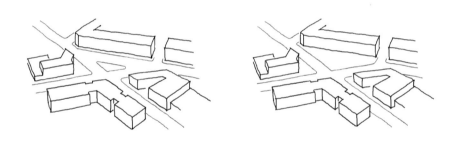

71

争取漂流的空间

在不规则街道里一些几何形状交会的地方，往往会形成令人尴尬的交通孤岛。通常情况下，它们太孤立，而且面积太小，不适合行人使用。它们最终会空置着，很少会种植植物，即使种植，也无人维护。

通过让其中一侧和附近的人行道连接起来，这些孤岛通常可以转化为更有益的用途。可以创建一个即时的广场空间，通常这块空间极少影响交通，并且可以极大地改善行人的体验。

城市需要一个后院

城市的居民点需要存放砾石和沙子的地方；需要火车、出租车、校车、公共安全和公共工程车辆的修理和储存空间；也需要发电的、回收和处理垃圾的、石油和天然气储存的，以及仓库和工业生产的空间。这类空间设施通常肩负着区域的服务责任。不能为了体面的重建计划而把这些设施撤走。

73

按照"规模大于用途"排序

　　将非居住用途引入居住环境常常会引起激烈的争论。然而，反对意见往往更多地基于规模上的差异，而不是用途上的差异，反对者也没有意识到这一点。例如，设在住宅区的沃尔玛可能会冒犯所有人，但一家小型的零售商店与住宅区完全兼容。事实上，大多数与零售、商业、机构、装配相关的，甚至维修和轻工业用途都可以与住宅完美地、极具魅力地相结合，前提是它们的规模相当，而且不会带来危险。

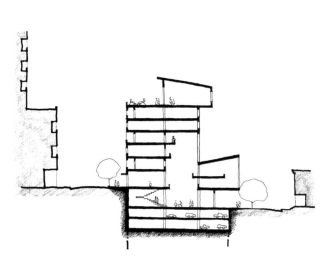

74

画出街道的另一侧

　　你的项目区域很可能到一个街区或一宗地块的边缘为止。但项目的影响力以及影响项目的因素远远超出这个范围。始终把项目纳入周边环境中，在所有图纸上显示出街道的另一侧和 / 或相关的自然景观，以展示你的项目。

75

把你的直升机降落下来

　　设计师通常（也许是不可避免地）花更多的时间在平面图和鸟瞰图上，而不是在剖面图、立面图和视平线透视图上。然而，在日常生活中，人们很少能体验到上述的视图。对于那些居住在建筑环境中的人来说，在这些图纸中看似强大的空间关系可能是不和谐的、不相关的或是不可见的。

　　在设计时，想象你自己进入图纸和模型里。在大脑中将你自己置身于规划的空间里，并以用户的身份参与你的设计。在剖面图、立面图、透视图和模型中做出设计决策，不要只使用这些设计方式来描绘以前以鸟瞰方式做出的决策。

76

房产界线 ● ── 公共
人行道 ●

无水平过渡的垂直过渡

房产界线 ● ── 公共
人行道 ●

无垂直过渡的水平过渡

1英尺的垂直空间=3英尺的水平空间

公共道路和住宅之间需要一个过渡，以保证居民的隐私和心理舒适度。垂直过渡能比水平过渡更有效地实现这一目的。坐在距离人行道3英尺但与人行道处于同一高度的房间里的人，往往会觉得很暴露以及易受伤害，因为路人比他们的坐高更高。但坐在比人行道高3英尺并且紧邻人行道的同一个房间里，人们几乎都会感觉更舒适。

街道的公共性越强，就需要越大的过渡空间。位于小城镇狭窄街道上的住宅可能需要很小的过渡空间，甚至根本不需要。而位于交通繁忙、综合用途街道上的城市住宅通常需要一个重要的过渡空间——这样的住宅最好位于二楼或二楼以上。

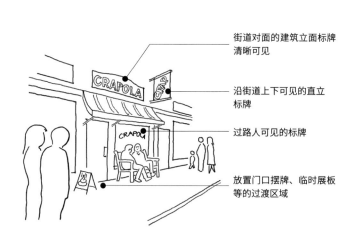

街道对面的建筑立面标牌清晰可见

沿街道上下可见的直立标牌

过路人可见的标牌

放置门口摆牌、临时展板等的过渡区域

零售商店是很挑剔的

零售商店希望其狭窄的一面面向人行道，并有一扇窗户向路人展示其商品。它坚持让很多顾客从前门经过，而且不希望有任何障碍物阻碍路人入内，如上下楼的楼梯。如果零售商店设在二楼或地下室，租金必须很便宜，或者必须有大量的人流，以确保有足够多的人会上下楼。零售商店希望处在一条直通的路线上，这样人们就会偶然发现它的存在。它喜欢被设置在街道的交叉口，这样人们可以从四个方向看到并到达它。它只想要一个入口，除非它是一家大型商店，可以负担得起多个方位的保安人员或在多个地点有人值守的收银台。最重要的一点是，零售商店希望靠近其他零售商店。但它会嫉妒那些更靠近人行道的零售商店。

使用符合思维的工具

　　设计过程不是线性的。前一刻你还在考虑街道布局，下一刻你就在考虑灯柱的样式。这些探索需要不同的媒介。在探求一片区域的"骨架"时，粗记号笔和建筑设计图纸可能是最方便的工具。如果你需要测试一个粗略想法中尺寸的可行性，可以用计算机绘图程序去验证它，然后再回到粗略的探索中。如果你需要更立体的思考，你可能会把工作室里找到的东西堆起来。

　　当你的想法连贯一致时，计算机建模程序可以帮助你快速生成多个变化模型。但要确保你使用的是正确的软件，因为当你只需要做出示意图时，某些程序会要求输入尺寸和材料。如果你发现自己专注于这些细节，请远离计算机，因为手工操作的方法最有可能促进直觉的洞察力。

创作

调研

评估

信息过多和信息过少都会让人举步维艰

　　过多的信息会使设计变得困难，因为你知道你提出的任何想法都不能充分地解决所有的设计问题。过少的信息也会使设计变得困难，因为任何想法都将缺乏足够的现实依据。人们需要与上下文相关的信息来进行设计；不过，在构思一个设计理念之前，人们并不知道要去寻找什么信息。接受这个难题。从某个地方开始。

80

本能反应

一种本能的、通常可预测
的对刺激的反应行为

即时反应

一种突然的冲动或不假思索采
取的行动

直觉反应

一种不需要理性过程即可快速全
面理解的能力

从冲动开始，凭直觉设计，用数据验证。

设计过程通常是一种即兴创作。一些重要的设计理念可以从想象力、突如其来的念头、直觉或随机观察中产生：对于一栋法院大楼来说，场地 C 似乎比场地 A 或场地 B 的位置更为庄严。街道的一边给人以肌肉发达的感觉，而另一边则感觉很精致。在一个拟开发的住宅项目中，一居室单元的比例似乎与市场不符，但很难解释是什么原因。

主观观察是灵感的重要来源，应该充分挖掘。但在没有可靠的研究数据支持的情况下，不应该把主观观察的结果用作重大设计决策的依据。当你获取数据时，要小心**证真偏差**，即避免以个人最初偏好的方式来解释新证据。

81

傻瓜行事依靠空想，而不凭知识；学究行事依赖知识，而无想象力。

——威廉·阿瑟·沃德

82

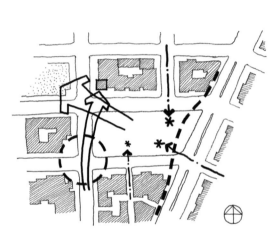

不要只顾着设计，要有回应。

    通过记录和分析现有的环境，你可以构建你进行设计的条件，并从中发现机会，否则这些机会将隐藏起来。你的许多或大部分分析点将与其他学生的相似。然而，任何一个分析点都可以获得无数回应。某一位设计师可能会通过放置一座纪念碑来回应一条重要的轴线；第二位设计师可能会创造一个外部空间来接收那些沿轴线走的人；第三位设计师可能会放置一面有角度的墙体来捕捉阳光，并在视觉上将行人转移到一条新的道路上。

    常见的分析点包括：

    行人活动：路径、期望路线、聚集（强度、时间）。

    视线：进出场地的景观，以及附近应保留或强化的景观走廊。

    建筑和建筑元素：底层和上层的用途、前后关系、规模、材料、风格、建筑体量等。

    自然元素：太阳轨迹、阴影、风、空气质量、排水、地形、地下条件。

    街道：质量、层次、空间特征、行人优先次序。

83

整合胜过折中

在**折中方案**中，冲突的问题或有关各方会被理解为相互竞争，或在某种程度上相互排斥。以某种方式协调分歧，在某种程度上满足每个议题或涉及的每一方。

寻求**整合方案**就是在整体上寻求一个更优越的结果。人们会基于这样一种信念来实现整合，即冲突是一种未知秩序的结果。如果可以确定这种秩序，那么现有问题可能会被一个更具包容性或更基本的问题取代，从而消解或重新定义冲突。相互竞争的问题可能不再存在分歧，而以一种意想不到的、互惠互利的方式共存或结合。

84

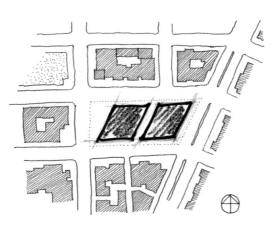

让每个决策至少能达成两件事

在左边，已经为一个空的场地提出了一个简单的方案。但是，虽然所示的两种建筑形式都很简单，但它们却回应了许多现存的条件。在场地的北侧、东侧和南侧，它们与人行道交会，以尊重现有的街墙。在西侧，倾斜的建筑立面形成了一个公共的人造景观广场；该方案面向斜对面的一个现有的公园；它允许从南面过来的行人看到现有的钟楼；它让南面的阳光照亮广场和塔楼；该方案还参考了场地东端的街道的几何形状。通过连接两条现存的公共通道，这两个建筑形式之间的路径增强了该区域的活力。最后，平行四边形既简单，又充满动态，这表明它们可以被设计成连贯的、在构筑上很有趣的建筑。

尽管这个方案取得了成功，但它相对较少地对背景因素做出回应。诸多其他的背景要素将带来不同的，甚至可能是相反的情况，会影响到场地如何建构。

85

有时候，你需要把一件事做得极其好；大多数时候，你需要把每件事都做得足够好。

如果你有十个问题要解决，不要在其他问题没有解决的情况下只专注于解决其中一个问题，也不要等到你有足够的时间才把这十个问题都解决好。粗略地过一过这十个问题，然后在所有问题上再多进展一点。每通过一个问题，就寻找更恰当、更有效率的方法去解决其余的问题。这将节省你的时间，帮助你从整体上思考你的项目，并防止你停留在你特别关注的问题上，而排斥其他问题。

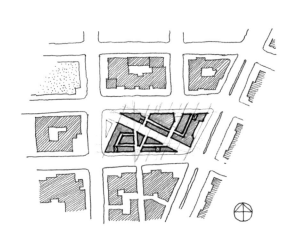

人们将如何流动，以及流动到哪里？

　　每一块城市场地都必须从根本上被理解为一个运动场所，即使这个项目的目标是创造一个休息场所。事实上，只有一小部分使用场地或受场地影响的人会把它作为一个目的地。大多数人是在前往其他地方的途中穿过或经过这个场地的。

　　一个场地的流通方案必须顺应现有的行人流动模式，而且提供一些新的连接物，以加强人员、思想和能量的流动，并最大限度地增加人们相遇的机会。即使是建筑内部的行人流通，也必须与更大的城市系统联系起来。

87

不要害怕去做那些显而易见的事情

做一些简单明了的事，似乎与创造力背道而驰：如果一个设计解决方案简单明了，难道就没有人想得出来吗？

情况往往相反。如果一位设计师的作品来自诚实的观察、细致的分析、未经过滤的洞察和明智的决策，而不考虑原创性或自我表达，那么它通常会更具原创性。结果似乎是任何人都能想到的；如果你天真地把它贴到全班同学面前，你可能会害怕被嘲笑。你可能会认为，你工作室里的其他人都想出了它，并明智地放弃了这个显而易见的解决方案。但是，当某样东西对你来说显而易见的时候，通常是因为它是自然而然的，而不是因为别人也看到了同样的东西。

谁拘泥于原创性，谁就不可能有原创性。然而，如果你只是单纯地想说出真相（一点都不在乎它之前是否已被说过多少次），那十之八九，你正在原创中而不自知。抛开你自己，你就会找到真正的自我。

——C. S. 刘易斯

89

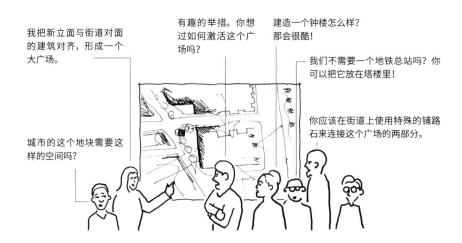

在制订大计划时，要考虑细节；在处理小事情时，要注重大局。

将你最好的想法转化为你可以在其他地方或其他尺度应用的原则。

小举措：设计一条弯曲的街道，以绕开一座历史建筑。
更大的举措：将平行的街道弯曲起来，形成"回声"效果，以体现该历史建筑对该地区的重要意义。

大举措：创建一个林荫大道网络来组织一个地区的车辆交通。
小举措：在每个林荫大道的交叉口放置一座市政纪念碑，以提高该城市的可辨认性。
中举措：在以林荫大道为界的每个区域内，创建一个与其他区域特征不同的街道系统和社区。

小举措：建议在一个具有综合用途的新开发项目中设置一个共享单车租赁设施。
额外的小举措：为骑行者提供维修、食物、厕所等设施。
中举措：建议在附近的街道上设置自行车专用道。
大举措：开辟一个带有自行车道的线性绿地，将新开发项目与城市中的其他主要绿地连接起来。

解决棘手问题的关键是，不要尝试去解决它。

棘手问题是由很多子问题组成的复杂系统。它不能通过解决单个子问题来解决，因为子问题是动态和交互的。一个子问题的解决方案将改变其他子问题，或者"无法解决"另一个子问题。

我们必须逐步地、全面地解决棘手问题。一次调查一个子问题，并探索可能的解决方案——先不要下判断，然后成对或分组去研究子问题。最终，你会凭直觉找到同时解决两个或更多问题的方法——尽管你仍然无法继续拓展。接下来，把这个棘手问题作为一个整体来思考：是什么价值观或假设造成了这个问题，并可能阻碍了对解决这个问题的尝试？最终的解决方案必须包含哪些目标和价值观？

最终的解决方案不会是一个子解决方案的总和，而是解决子问题交互方式的系统、方法或过程。

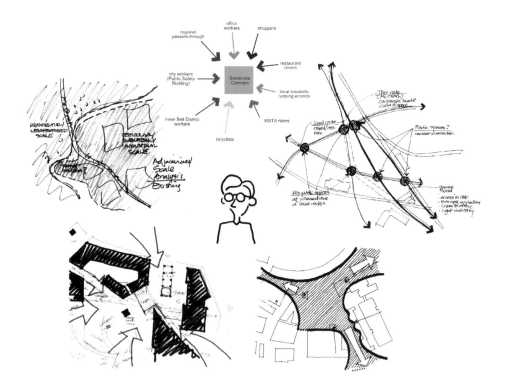

没有危机，就没有突破。

　　一切都会在某个点上崩溃。你最好的想法不再起作用，或者它们可以起点儿作用，但不能同时起效。你找不到前进的方法。当你回顾以前项目失败的时候，会想为什么你没有从中吸取教训。你想知道为什么你不能更好地管理设计过程，为什么你不能阻止灾难的发生。你想知道为什么你不是天生就适合从事这个领域。

　　最终，你会意识到，一切的崩溃只是这个设计过程的一部分。下次这种情况发生时，你会意识到，这可能是因为你在以正确的方式做事。在那之后，你会预料到危机，并慢慢地渡过难关。

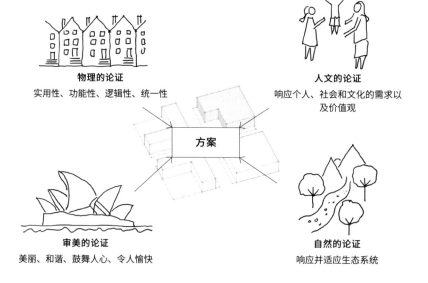

物理的论证

实用性、功能性、逻辑性、统一性

人文的论证

响应个人、社会和文化的需求以及价值观

方案

审美的论证

美丽、和谐、鼓舞人心、令人愉快

自然的论证

响应并适应生态系统

一个设计方案是一种论证

论证需要证据，但一个强有力的论证并非无懈可击。如果一个论证是完全正确的，那么它就不是论证，而是对事实的一种陈述。因此，有效地辩论并不是要证明你是对的，而是要表明，在没有完美证据的情况下，你的立场是可取的。

进行严厉的自我批评

　　你会穿过你拟建的公共广场吗？你确定吗？你目前使用和享受这样的空间吗？你已经绘制了一条遍布快乐用户的步行道。这条步行道会像你画的那样活跃吗？它的设计是基于已知的人类社会行为原则吗？人们会觉得你的项目在视觉上很有吸引力吗？你喜欢在客厅里看到它吗？你目前住在类似这样的步行道对面吗？如果没有的话，你能假设其他人愿意这样吗？

94

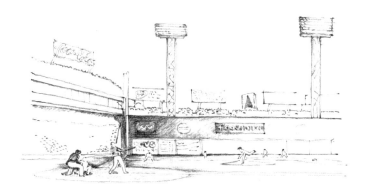

芬威公园，马萨诸塞州波士顿市

场所 > 空间

　　城市设计师的主要职责是设计物理空间。然而，设计师的最终目标是让这个空间成为受用户喜爱的场所。空间是一种物理环境，场所是人们对其有个人依恋的空间。千百年来，这种依恋改变并丰富了空间。用户会将某个空间用于新的用途，种植树木，进行不完美的修复，结识朋友，观察生活，并将他们姓名的首字母刻在长椅上。这些变化不断累积，使这个地方对其他人来说变得更丰富，并最终成为其用户和文化的证明，而不是为了证明最初赋予它形状的设计师。

Students of urban design dwell in contradiction. In the design studio they take each semester, they are charged with designing important parts of cities and towns, even though they have little design experience and a limited understanding of urbanism. They are given minimal up-front instruction on how to achieve their goals; instead, they must learn by doing. This approach is perhaps necessary—as instructors, we cannot claim to have found a better way—but it asks the student to move in opposite directions at the same time: forward toward the completion of a project, and backward toward the broad understandings needed to complete it well.

How does a student negotiate this paradox? How does one design something before knowing anything about it? Where does one start—with understanding? action? Are there tangible strategies one can lean on while remaining on the lookout for larger learnings?

The answers are unlikely to be found in textbooks or a formal lesson plan. But they exist in the design studio nonetheless, typically in parenthetical conversations and off-handed observations instructors offer students to get them unstuck, shoo them off a wayward course, or simply inform or inspire them. Once the parentheticals are out of the way, the instructor returns to the lesson plan—ostensibly the

重写本

名词

1. 指一份手稿或其他文字，写在一份已被擦除原有文字的手稿上，使得原始文本在一定程度上可辨认。

2. 指任何被重复使用或修改过的物品，仍然留有原始形态的痕迹。

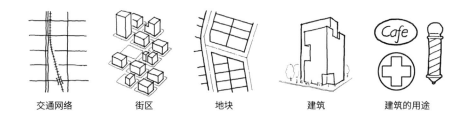

交通网络　　　街区　　　地块　　　建筑　　　建筑的用途

复杂性增加　　　　　　　　　　　　　　变化速度加快

唯有变化不变

城市化是一个无法被彻底解决的问题。它是生活的产物。随着生活发生变化，城市化会重塑自我。它是人类出生、成长、努力、成功、失败和死亡的物理化体现。

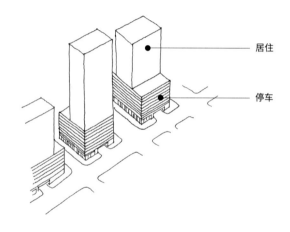

居住

停车

与市区一模一样的市郊社会秩序

城市是人们生活的方式，而不仅仅是他们居住的地方。

　　以城市的方式生活就是在当地生活，参与直接体验，并将自己融入城市社会结构。以郊区的方式生活就是拥抱地方主义、进行选择性体验以及脱离社会。

　　一个住在市区的人开车上班，在大型购物中心购物，并维持着一个地区性的社交网络。从动态上来说，这样的居民被称为郊区居民。城市设计和规划的最终目标是促进充满活力的城市主义，而不仅仅是创造一个有郊区社会秩序的物理城市场所。

98

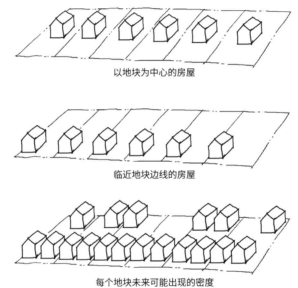

以地块为中心的房屋

临近地块边线的房屋

每个地块未来可能出现的密度

如果现在不能形成城市，那么就让它以后很容易变成城市。

设计郊区的开发项目时，要考虑到在未来与邻近的开发项目相连接。郊区住房和商业开发项目的进出方式一向有限，且车辆流通动线较为特殊。通过将项目内的建筑、内部街道甚至停车过道等对准那些相邻的开发项目，就更有可能实现未来的街道网络和整体的城市景观。

设计可重复利用的停车场。让建筑的第一层足够高，以供零售业使用。尽可能让上面的楼层保持水平，并且足够高，以便将来可用作住宅、办公室和其他用途。

如果多单元公寓楼仅供居住，那么在进行设计时，可以将一楼面向人行道的房间转换为零售用途，而不影响居住单元和建筑的功能。

如果现在不能实现高密度，那就让以后可以轻松实现。对高密度的反对使许多项目偏离了轨道，因此，在目前可以接受的密度上建造这些项目，但在公众舆情发生变化时，使用一种可能实现更高密度的建造方式。

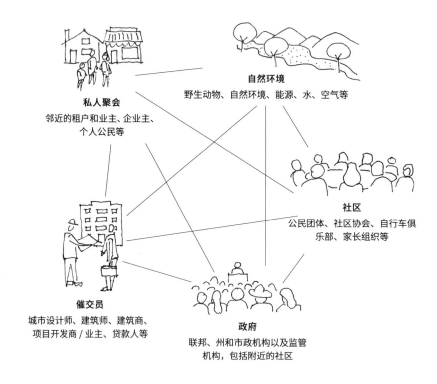

私人聚会

邻近的租户和业主、企业主、
个人公民等

自然环境

野生动物、自然环境、能源、水、空气等

社区

公民团体、社区协会、自行车俱
乐部、家长组织等

催交员

城市设计师、建筑师、建筑商、
项目开发商／业主、贷款人等

政府

联邦、州和市政机构以及监管
机构，包括附近的社区

常见的利益相关者

他们不会去建造你画的东西

相互竞争的利益、不同的议程、物理复杂性、监管障碍、资金以及无数其他问题，都会减缓城市场所的建设进程。尽管这些复杂的事情有时看起来是没必要的，但它们会让城市化变得丰富起来：因为谈判很复杂，所以解决方案也必须很复杂。

城市设计师可能在名义上领导着城市设计过程，但往往是一群顽固的成员。我们的贡献可能更具印象主义的性质，而不是具体的；更多的是启发性的，而不是规定性的。设计结果很少以设计师所设想的精确形式出现。设计师创建的大多数方案和图纸都是为了促进讨论，而不是代表最终的答案。

你的工作将在你离开之后继续进行下去

从某种意义上说，城市设计师必须是自我主义者。塑造物理环境和人们在其中的生活，需要巨大的信心、信念或胆量。但是，城市设计师也必须乐于放手，放弃控制或微观管理的欲望，以及接受这一过程比任何一个人都重要的事实。这虽然令人感到不安，但也是我们被城市吸引并为此努力的原因。我们有机会参与一项永无止境的探索工作。这种探索将超越我们，在我们离开后继续塑造着生活。